LES GUIDES DES JARDINS DU QUÉBEC

# Jardin botanique de Montréal

Texte de Jean-Jacques Lincourt
avec la collaboration de Sylvie Perron

Photographies de Louise Tanguay

FIDES

Jean-Jacques Lincourt et Sylvie Perron remercient Stéphane M. Bailleul, Lucie Bossé, François Brousseau, Dave Demers, Normand Fleury, Brigitte Lefebvre, Madeleine Pronovost, et tous les horticulteurs du Jardin botanique pour leur contribution à la réalisation de ce guide.

Louise Tanguay remercie l'équipe du laboratoire de photographie Boréalis pour la qualité de son travail et pour son soutien financier.

Le soutien du ministère de l'Agriculture, des Pêcheries et de l'Alimentation, en la personne du ministre, M. Maxime Arseneau, de son prédécesseur, M. Rémy Trudel, et du sous-ministre, M. Jacques Landry, a permis à cette collection consacrée aux jardins publics du Québec de voir le jour.

La persévérance d'Hélène Leclerc, directrice du Domaine Joly-De Lotbinière, et celle de Denis Messier, du Domaine Mackenzie-King, ont également été essentielles à cette entreprise de mise en valeur du patrimoine horticole québécois.

Maquette : Gianni Caccia, Louise Tanguay
Photographie de la page couverture : Louise Tanguay

**Données de catalogage avant publication (Canada)**
Lincourt, Jean-Jacques, 1955-
Jardin botanique de Montréal
(Guides des jardins du Québec)
Comprend des réf. bibliogr. et un index
ISBN : 2-7621-2357-7

1. Jardin botanique de Montréal. 2. Jardins botaniques – Québec (Province) – Montréal. 3. Jardin botanique de Montréal – Ouvrages illustrés.
I. Tanguay, Louise. II. Titre. III. Collection.

QK73.C32J37  2001    580'.7'371428    C00-942318-4

Dépôt légal : 2ᵉ trimestre 2001
Bibliothèque nationale du Québec
© Éditions Fides, 2001

Toutes les photographies publiées dans ce livre sont la propriété des photographes et sont protégées par les lois canadiennes et internationales.

Les Éditions Fides remercient le ministère du Patrimoine canadien du soutien qui leur est accordé dans le cadre du Programme d'aide au développement de l'industrie de l'édition. Les Éditions Fides remercient également le Conseil des Arts du Canada et la Société de développement des entreprises culturelles du Québec (SODEC). Les Éditions Fides bénéficient du Programme de crédit d'impôt pour l'édition de livres du Gouvernement du Québec, géré par la SODEC.

Imprimé au Canada

# *Table des matières*

Introduction . . . . . . . . . . . . . . . . . . . . . . . . . . . . . . 7

## 1 UN PEU D'HISTOIRE
Un jardin, une passion . . . . . . . . . . . . . . . . . . . . . . 10
Le frère Marie-Victorin . . . . . . . . . . . . . . . . . . . . . 12
Un jardin, des missions . . . . . . . . . . . . . . . . . . . . . 17

## 2 VISITE DU JARDIN
Les jardins d'accueil . . . . . . . . . . . . . . . . . . . . . . . . 20
Les serres . . . . . . . . . . . . . . . . . . . . . . . . . . . . . . . . 23
La roseraie . . . . . . . . . . . . . . . . . . . . . . . . . . . . . . . 38
La forêt des Montréal de France . . . . . . . . . . . . . 43
Le jardin aquatique . . . . . . . . . . . . . . . . . . . . . . . . 43
Le jardin de Chine . . . . . . . . . . . . . . . . . . . . . . . . . 44
Le jardin japonais . . . . . . . . . . . . . . . . . . . . . . . . . 52
Le jardin du sous-bois . . . . . . . . . . . . . . . . . . . . . 59
L'Insectarium . . . . . . . . . . . . . . . . . . . . . . . . . . . . 60
L'arboretum . . . . . . . . . . . . . . . . . . . . . . . . . . . . . 62
Le jardin Leslie-Hancock . . . . . . . . . . . . . . . . . . . 65
Le ruisseau fleuri . . . . . . . . . . . . . . . . . . . . . . . . . 66
Les étangs . . . . . . . . . . . . . . . . . . . . . . . . . . . . . . . 68
Le jardin des Premières-Nations . . . . . . . . . . . . . 70
Le jardin alpin . . . . . . . . . . . . . . . . . . . . . . . . . . . 72
Les jardins d'exposition . . . . . . . . . . . . . . . . . . . . 76
Le jardin de la paix . . . . . . . . . . . . . . . . . . . . . . . 82
La cour des sens . . . . . . . . . . . . . . . . . . . . . . . . . . 82

## 3 ANNEXES
Le Jardin botanique et l'avenir . . . . . . . . . . . . . . . 85
Bibliographie . . . . . . . . . . . . . . . . . . . . . . . . . . . . 87
Index . . . . . . . . . . . . . . . . . . . . . . . . . . . . . . . . . . 88
Jardins membres de l'AJQ . . . . . . . . . . . . . . . . . . 92

# *Introduction*

Émerveillement ! Telle est, en un mot, l'impression qui me fut transmise la première fois que j'entendis parler du Jardin botanique de Montréal. J'avais sept ans lorsque ma mère me raconta, avec moult détails fleuris, le périple qu'elle avait fait avec ses sœurs dans la grande ville de Montréal, et plus précisément leur visite au Jardin botanique. Je me pris alors à rêver de découvrir ce merveilleux jardin et d'en percer les secrets les plus intimes.

Ce n'est que jeune étudiant, inscrit à un programme d'horticulture ornementale, que j'ai enfin mesuré la portée de l'enchantement que ma mère et mes tantes avaient suscité chez moi, par ce beau dimanche de l'été 1962.

J'ai encore à l'esprit les parfums de ma première visite au Jardin botanique de Montréal. Grâce à mon bagage d'horticulteur fraîchement diplômé, je pouvais commencer à imaginer toute l'étendue et la richesse de ce jardin, ce qui ajoutait encore à l'enchantement de mes sens. Cette visite fut pour moi une véritable révélation : le Jardin offrait un potentiel inouï, et je pourrais passer toute ma vie à le découvrir...

Aujourd'hui, quelque 25 ans plus tard, je continue de parcourir le Jardin à toutes heures et en toutes saisons. À en juger par la quantité d'enseignements et par la multitude d'émotions que j'en tire encore, il semble que je ne m'en lasserai jamais. Je ne peux m'empêcher, au hasard de mes promenades, de penser au travail de mes prédécesseurs, à la passion qui a habité ces hommes et ces femmes, artisans du Jardin botanique. Ils en ont fait ce qu'il est aujourd'hui : une institution unique, reconnue à travers le monde pour

◁ *Le pommetier décoratif, emblème floral de la Ville de Montréal.*

◁ *Pages précédentes : rosier floribunda 'City of Leeds'.*

△ *Azalée de Corée* (Rhododendron yedoense *var.* poukhanense) *dans le jardin Leslie-Hancock.*

▽ *Un détail de la chute, dans le jardin alpin.*

ses collections inestimables, sa vocation éducative et son dynamisme toujours renouvelé.

J'ai le plaisir de diriger une équipe extraordinaire, profondément animée par cette passion qui donne vie au Jardin depuis ses tout débuts et qui lui permet aussi d'évoluer et de progresser. C'est donc très enthousiaste et plein d'optimisme que j'entrevois les défis qui attendent le Jardin en ce début de millénaire.

J'espère que ce guide vous permettra de découvrir le Jardin botanique de Montréal avec autant d'émerveillement qu'il m'a été donné de le faire, et que vous aurez le même plaisir que moi à parcourir ses sentiers et à goûter sa beauté. Je compte aussi sur les magnifiques photographies de Louise Tanguay pour vous permettre de vous remémorer vos plus beaux souvenirs, vos meilleurs moments passés dans ce paradis sur terre.

Jean-Jacques Lincourt,
directeur du Jardin botanique de Montréal

# UN PEU D'HISTOIRE

UN PEU D'HISTOIRE

# Un jardin, une passion

L'histoire du Jardin botanique de Montréal est étroitement associée à un homme : le frère Marie-Victorin, de son vrai nom Conrad Kirouac (1885-1944). C'est par une rare combinaison de passion scientifique et de persévérance politique que celui-ci a fini par obtenir de la Ville de Montréal la construction d'un jardin botanique d'envergure à partir de 1931.

L'idée de doter la métropole du Québec d'un espace capable de se mesurer aux plus grands jardins botaniques du monde, comme les *Kew Gardens* de Londres ou le Jardin des plantes de Paris, remonte au milieu du XIXᵉ siècle. Dès 1863, certaines personnes ont déjà essayé de pousser l'Université McGill à parrainer la construction d'un tel jardin à Montréal.

Vingt-deux ans plus tard, en 1885, un autre projet a été avancé par un groupe baptisé *Montreal Botanical Garden Association*. On prévoyait de situer le jardin sur le mont Royal. Mais le projet a avorté à la suite de problèmes administratifs avec la Ville de Montréal.

Il a donc fallu attendre les années 1920 pour que le projet germe dans la tête d'un jeune professeur de botanique ambitieux, le frère Marie-Victorin.

### Le Jardin prend forme

Le premier coup de charrue est finalement donné le 7 mai 1936.

Dès 1939, les grands axes du Jardin botanique sont réalisés d'après les plans d'Henry Teuscher. Seules les serres manquent encore. Les travaux ont coûté onze millions de dollars, une somme colossale pour l'époque. Le Jardin botanique comprend alors le bâtiment administratif Art déco, orné de fontaines et de cascades, ainsi que les jardins classiques de la façade ouest, adossés au boulevard Pie-IX.

### L'héritage du frère Marie-Victorin

Dès le début, Marie-Victorin dote le Jardin d'une mission éducative et scientifique. En 1938, l'École d'apprentissage horticole est créée et des jardinets d'écoliers sont aménagés. L'année suivante, l'École de l'éveil s'installe au Jardin. Cette institution novatrice a pour but de faire

△ Le bâtiment administratif Art déco en 1938.

△ Les cascades des jardins d'accueil en 1938.

▽ La sarracénie pourpre (Sarracenia purpurea), *fleur fétiche de Marie-Victorin.*

▽ Le premier coup de charrue est donné le 7 mai 1936.

# *Le frère Marie-Victorin*
## 1885-1944

Dès les débuts de sa carrière, le frère Marie-Victorin manifeste une passion scientifique très en avance sur le Québec de l'époque. Il entreprend de longues recherches qui l'amèneront à publier, en 1935, la *Flore laurentienne*. Cet ouvrage remarquable demeure, aujourd'hui encore, un livre de référence sur la flore du Québec.

Marie-Victorin est également l'animateur d'un «laboratoire» de botanique, qui deviendra bientôt l'Institut botanique pour le développement de l'enseignement et de la recherche universitaire. En 1923, il fonde l'Association canadienne-française pour l'avancement des sciences (ACFAS), toujours très active aujourd'hui. Il devient également, en 1925, secrétaire général de la Société canadienne d'histoire naturelle.

Le futur artisan-fondateur du Jardin botanique n'est pas seulement un chercheur passionné. Pour réaliser son grand rêve, il lui faut faire preuve de patience et d'un sens stratégique très sûr qui lui permet de se ménager des alliés politiques et médiatiques.

Au fil des années, le quotidien *Le Devoir* et le politicien Camilien Houde appuient de manière indéfectible le projet de Marie-Victorin. Durant le premier mandat de Houde comme maire de Montréal (1928-1932), le Jardin est officiellement fondé. On construit un petit pavillon administratif ainsi qu'une serre de service. Mais la défaite de Houde en 1932 et la grande dépression économique ralentissent la laborieuse naissance de l'institution.

Trois ans plus tard, en 1935, Houde est redevenu maire de Montréal. Marie-Victorin lui écrit un plaidoyer passionné en faveur de ce jardin botanique qui n'existe encore que de manière conditionnelle.

«À la ville, à votre ville, il vous faudra faire un cadeau, un royal cadeau. Mais Montréal, c'est Ville-Marie. C'est une femme […] Vous ne pouvez tout de même pas lui offrir un égout collecteur ou un poste de police […] Alors, pardieu! Mettez des fleurs à son corsage! Jetez-lui dans les bras toutes les roses et tous les lys des champs.»

Marie-Victorin n'hésite pas à employer les armes de la poésie, car il songe qu'en 1942 on fêtera le 300ᵉ anniversaire de la fondation de la ville.

## Jacques Rousseau

Botaniste et explorateur de renom, diplômé de l'Institut botanique, Jacques Rousseau est le successeur naturel du frère Marie-Victorin. Il a inventorié sur le terrain les végétaux de nombreuses régions du Québec, de l'Ungava à la vallée du Saint-Laurent. Fidèle aux préoccupations du fondateur du Jardin, Jacques Rousseau s'attache à développer la vocation scientifique de l'institution.

découvrir la nature aux jeunes citadins. En 1943, un projet d'association formelle entre le Jardin et l'Institut botanique de l'Université de Montréal est élaboré par Marie-Victorin. Mais la mort accidentelle de ce dernier, à l'été 1944, suspend son entreprise.

Les années de guerre sont difficiles. La pénurie générale modifie les priorités, et le projet de construction de serres est ajourné. Le gouvernement du Québec est hostile à ce genre de dépenses. Comble de malchance, le conservateur Henry Teuscher, d'origine allemande, est faussement accusé d'être un espion à la solde des nazis. Il sera innocenté, mais l'« affaire Teuscher » fait pour un temps la manchette.

Les serres d'exposition, volet important du projet initial d'Henry Teuscher, sont finalement construites après la guerre. Les travaux se déroulent sous la direction de Jacques Rousseau, tandis que Teuscher demeure à son poste de conservateur du Jardin.

Les serres sont inaugurées en 1956, juste après le départ de Jacques Rousseau. Marqué par certaines difficultés – rivalités politiques, arrimage parfois laborieux avec l'Institut botanique –, le Jardin botanique peut fêter ses 25 ans avec le sentiment du devoir accompli.

Le projet de Marie-Victorin et de Henry Teuscher a été concrétisé pour l'essentiel. Le Jardin accomplit ses vocations éducative et scientifique. Le public est au rendez-vous. Le Jardin, du point de vue de la richesse et de l'intérêt de ses collections, est un grand succès.

### À la conquête du monde

Les années 1960 ne sont pas les meilleures pour le Jardin. Les nouveaux projets se font rares. Henry Teuscher prend sa retraite en 1962. Le Jardin reprend son envol au milieu des années 1970. Pierre Bourque devient directeur en 1980. Les activités scientifiques recommencent tambour battant, tandis qu'une remarquable ouverture sur

## Henry Teuscher, concepteur du Jardin

Un autre allié précieux de Marie-Victorin a pour nom Henry Teuscher. D'abord jardinier au Jardin botanique de Berlin, cet Allemand émigré aux États-Unis s'est acquis une grande réputation comme horticulteur et architecte de paysage. Il a occupé divers postes reliés à sa spécialité, dont celui de dendrologiste au Jardin botanique de New York. Dans les années 1930, il entreprend une longue et fructueuse correspondance avec Marie-Victorin. Celui-ci lui confie son projet, et Teuscher se met à imaginer les plans d'un jardin botanique idéal. Malgré la distance et les déboires politiques qui retardent la réalisation du projet, les deux hommes partagent le même enthousiasme. Leur alliance aboutira finalement à la nomination de Teuscher comme conservateur du nouveau Jardin botanique de Montréal.

le monde est entreprise dans la foulée des Floralies internationales, le grand succès de l'été 1980.

Rénovations des serres, nouvelles installations, coopération accrue avec l'Université de Montréal, création de sociétés et d'amicales, création d'un programme de formation professionnelle en horticulture ornementale : le bilan de ces années est impressionnant.

Durant cette période, le Jardin botanique de Montréal s'élève au niveau qui est le sien aujourd'hui, c'est-à-dire celui des plus grands jardins botaniques du monde. On a vu apparaître les jardins japonais puis chinois, tous deux des réussites remarquables, l'Insectarium, puis la maison de l'arbre.

▷ *Les jardins d'écoliers, une activité mise sur pied par le frère Marie-Victorin, qui est toujours très populaire aujourd'hui.*

### Fidèle à sa vocation

En 1990, les autorités de la Ville de Montréal et celles de l'Université de Montréal conviennent de créer l'Institut de recherche en biologie végétale, doté d'une équipe et de moyens conséquents, avec des mandats tant en recherche fondamentale qu'en transferts technologiques.

Il s'agit là d'une relance spectaculaire de la traditionnelle mission scientifique du Jardin, qui s'était développée d'une manière parfois cahoteuse au fil des ans. À la fin des années 1990, l'activité scientifique s'est enfin imposée comme l'une des composantes inaliénables de la mission globale du Jardin botanique, un instrument de son rayonnement national et international.

Parallèlement, la mission éducative n'est pas oubliée. À la faveur de la véritable renaissance du Jardin botanique vers la fin des années 1970, les activités et alliances avec différents groupes se multiplient pour faire découvrir au grand public les trésors de la botanique.

Étalée sur sept décennies, l'histoire du Jardin botanique de Montréal est celle d'un long et parfois difficile accouchement. Mais le rêve du frère Marie-Victorin s'est finalement réalisé ; le Jardin botanique de Montréal, véritable miracle boréal sous une latitude difficile, est devenu l'un des plus riches joyaux d'Amérique du Nord, un remarquable hommage au règne végétal à travers le monde.

# *Un jardin, des missions*

Depuis ses débuts, le Jardin botanique de Montréal a voulu aller au-delà de la simple présentation au public d'une belle collection de fleurs, d'arbres et de plantes.

**La mission scientifique**
Le patrimoine végétal présent au Jardin botanique constitue une collection d'une grande importance scientifique, l'une des plus riches du monde.

Essentielle au développement des connaissances et à l'avancement du savoir, la recherche scientifique a été – et reste plus que jamais – un élément essentiel de l'action du Jardin botanique de Montréal. C'est aussi un ingrédient fondamental du prestige de l'institution d'envergure internationale qu'est devenu le Jardin.

La recherche est réalisée grâce aux efforts conjoints de l'équipe de botanistes du Jardin et de l'Institut de recherche en biologie végétale de l'Université de Montréal, affilié au Jardin botanique.

△ Fleur de pivoine arbustive.

◁ Le ruisseau fleuri, au tout début du printemps.

**La mission éducative**
Marie-Victorin avait particulièrement à cœur la mission éducative du Jardin botanique. Il tenait à initier les enfants à la botanique dès leur plus jeune âge et, plus largement, à les amener à prendre conscience de la nature, de ses merveilles et de sa fragilité. Dans cette perspective, on a fondé les « Jardins jeunes » (jardinets d'écoliers où l'on s'initie à l'horticulture), qui sont immensément populaires. Par ailleurs, de nombreuses présentations et activités s'adressent spécifiquement au jeune public.

Mais la mission d'éducation vise également les adultes. L'École d'horticulture du Jardin botanique de Montréal vise à former des ouvriers horticoles et des ouvriers spécialisés en horticulture ornementale.

Accueillant chaque année un million de visiteurs, le Jardin botanique est devenu l'une des principales attractions touristiques de Montréal. Il fait partie d'un ensemble d'institutions vouées à la diffusion d'une culture scientifique et écologique populaire. Le Biodôme reproduit quatre écosystèmes pour faire découvrir au visiteur la diversité et

## UN PEU D'HISTOIRE

l'importance de la flore et de la faune. L'Insectarium présente sur le site du Jardin botanique, d'une manière stimulante et interactive, le monde des insectes et des arthropodes. Au centre-ville, le Planétarium ouvre, quant à lui, sur l'infini du cosmos. Ensemble, ces quatre institutions constituent le plus grand complexe muséal de sciences naturelles au Canada, géré par le Service des équipements scientifiques de la Ville de Montréal.

Le Jardin est par ailleurs un lieu privilégié d'éducation permanente. Conscient qu'il est essentiel de savoir nommer le monde qui nous entoure et de comprendre son fonctionnement, il s'efforce de permettre à chacun d'augmenter sa connaissance de l'environnement. De nombreuses associations, comme les Amis du Jardin et le Cercle des jeunes naturalistes, collaborent sur une base régulière à l'organisation de visites thématiques et d'activités éducatives auxquelles participent chaque année des milliers de groupes de tous âges.

**La mission sociale et culturelle**
Les activités du Jardin débordent largement le cadre de la botanique et de l'horticulture. Tout au long de l'année sont proposées diverses expositions et animations de plein air, qui attirent un très vaste public.

Véritable « conscience écologique » de la ville, le Jardin a un rôle fondamental à jouer dans le développement d'un « Montréal vert ». Très engagé dans l'aménagement urbain, il a su développer une relation privilégiée avec la population et a contribué à faire de Montréal une ville fleurie.

Enfin, le Jardin est aussi un lieu d'ouverture culturelle sur le monde. Cette ouverture se manifeste notamment par le remarquable succès des jardins japonais, chinois et des Premières-Nations. Ces aménagements ne sont pas seulement de magnifiques reproductions, très fidèles, de paysages importés d'ailleurs ; ce sont de véritables lieux d'animation culturelle. Des havres de paix et de culture où l'on peut, par exemple, découvrir la peinture japonaise, s'initier à la langue chinoise ou en apprendre davantage sur les traditions amérindiennes et inuit.

▷ *Pensées 'Sorbet Purple Duet'.*

▽ *Iris des marais* (Iris pseudacorus).

# 2
## VISITE DU JARDIN

VISITE DU JARDIN

# *Les jardins d'accueil*

Pénétrer dans le Jardin botanique de Montréal, c'est accéder à une oasis de verdure et de fleurs en plein cœur de la ville. C'est partir à la découverte d'une végétation luxuriante aux couleurs et aux parfums des plus diversifiés. C'est se laisser transporter dans un passionnant voyage à travers le monde. Le Jardin botanique de Montréal, avec ses 75 hectares de verdure, d'arbres et de plantes, et ses dix serres d'exposition, se classe parmi les plus beaux et les plus importants jardins du monde.

L'entrée sud-ouest du Jardin botanique ouvre sur les jardins d'accueil, qui donnent un avant-goût de l'extraordinaire diversité végétale qui peuple les serres et les vastes espaces extérieurs du Jardin – 21 000 espèces et variétés de plantes provenant de tous les coins du monde.

Devant le bâtiment administratif se déploient de somptueux parterres de fleurs aménagés à la française et agrémentés de fontaines. Selon la saison, on y trouve des tulipes et autres plantes bulbeuses, ainsi que des annuelles de toutes sortes, aux

coloris et aux agencements des plus originaux. Autres curiosités de cet espace, quelques arbres exotiques qui vivent ici à la limite nord de leur zone de croissance. C'est le cas du magnolia de Kobé (*Magnolia kobus*), du tulipier (*Liriodendron tulipifera*) et du métaséquoia (*Metasequoia glyptostroboides*).

En entrant, on aperçoit la statue du frère Marie-Victorin, fondateur du Jardin et figure éminente de la botanique. En arrière-plan se dessine la silhouette horizontale du pavillon administratif, relié au complexe d'accueil. Cet harmonieux édifice de style Art déco, construit entre 1932 et 1938, est orné de bas-reliefs représentant des scènes de vie amérindienne et illustrant l'usage que l'on faisait des plantes à l'époque de la colonisation.

**Le complexe d'accueil**

Toute visite devrait débuter par le complexe d'accueil. Sa modernité et son caractère invitant stimulent le visiteur et font de ce lieu un excellent point de départ pour une excursion dans le monde fascinant des plantes.

Une maquette permet au visiteur de visualiser le Jardin dans son ensemble, afin de prendre conscience de toutes les possibilités qui s'offrent à lui et de se constituer un itinéraire sur mesure.

Le complexe d'accueil propose aussi un service de renseignements horticoles qui met à la disposition du visiteur un personnel spécialisé qui saura le conseiller sur le choix et le soin de ses plantes. Un auditorium, une salle pour l'accueil des groupes et une bibliothèque sont également rassemblés dans ce bâtiment, ainsi qu'une boutique, « L'Orchidée », où l'on trouvera une foule de souvenirs et une très large sélection de livres spécialisés en horticulture et en botanique.

△ *Le pavillon d'accueil, dessiné en 1932 par l'architecte Lucien F. Kérouac.*

◁ *Agencement harmonieux de kochias, de célosies plumeuses et d'agérates.*

# *Les serres*

C'est en 1956 qu'a été construit le premier bloc de serres d'exposition. Maintenant au nombre de dix, les serres permettent au visiteur d'explorer les richesses de la flore mondiale en découvrant des plantes et des arbres exotiques qui ne peuvent se développer ici, à cause des rigueurs de notre climat. On les laisse donc s'épanouir sous verre, dans des décors enchanteurs rappelant les zones équatoriales ou tropicales d'où ils proviennent.

Plus de 36 000 plantes, réparties en 12 000 espèces et variétés différentes, poussent dans les serres. C'est ici le royaume des palmiers, des bananiers, des orchidées, des cactus, des fougères, des bégonias et des penjings. Un voyage aux quatre coins du monde, et en particulier dans les régions chaudes de notre planète. Un endroit particulièrement agréable à découvrir un matin de février, lorsqu'il fait -20 °C à l'extérieur! Car les serres du Jardin botanique sont, bien sûr, ouvertes douze mois par année…

**La serre d'accueil**

La serre d'accueil est en quelque sorte la porte d'entrée du complexe des serres d'exposition. Elle constitue une introduction à la découverte du monde végétal. De grands thèmes sont présentés à l'aide de modules d'exposition et de panneaux didactiques disposés le long des sentiers.

La serre d'accueil abrite une collection de monocotylédones. Cette classe regroupe notamment les palmiers, les bananiers et les bambous – des végétaux qui se caractérisent

△ *Inflorescence d'alpinia* (Alpinia purpurata).

◁ *Ptychosperma* (Ptychosperma elegans), *dans la serre d'accueil.*

par leurs pièces florales, regroupées par trois, et par leurs feuilles aux nervures parallèles, dont la base entoure la tige en formant une gaine. Le visiteur ne manque pas d'être attiré par un terrarium de plantes carnivores absolument fascinantes. Au fond de la serre, on accède à la salle « Chlorophylle » qui renferme une exposition spécialement conçue pour les 6-11 ans.

Les serres sont réparties de chaque côté de la serre d'accueil. On débute la visite par l'aile est, en pénétrant dans la serre des forêts tropicales humides.

## La serre des forêts tropicales humides

Pas facile de transposer la forêt tropicale, où les arbres sont généralement immenses, dans une serre d'à peine 5 m de haut ! On a donc utilisé un moyen astucieux pour reproduire ce type de végétation : on a construit des arbres à l'aide de formes métalliques recouvertes de mousse de sphaigne et de liège, sur lesquels on a pu fixer des plantes épiphytes. C'est le nom que l'on donne aux plantes qui poussent sur les arbres sans les parasiter, en les utilisant uniquement comme support physique. Elles reçoivent ainsi plus de pluie et de lumière que dans les sous-bois. L'aménagement de la serre place le visiteur au niveau de la canopée (sommet) des arbres et lui permet d'observer les plantes qui y vivent.

Outre une importante collection de broméliacées, on retrouve ici quelques orchidées et fougères. On découvre aussi une plante grisâtre qui pend des arbres, la mousse espagnole (Tillandsia usneoides). Cette plante épiphyte des forêts tropicales est dépourvue de racines, et la surface de ses tiges est recouverte de minuscules écailles qui lui permettent d'absorber l'humidité présente dans l'air ambiant.

△ *Fittonia argenté* (Fittonia verschaffeltii var. argyroneura), *une plante d'intérieur courante dans nos maisons.*

△ *Néorégélie* (Neoregelia 'Spring Song').

▽ *Aechméa* (Aechmea fasciata) *et mousse espagnole* (Tillandsia usneoides).

## La serre des plantes tropicales économiques

La serre suivante permet de faire connaissance avec des arbres et des plantes d'usage courant, comme le cacaoyer, le poivrier, le cannelier, le caféier. On les appelle plantes « économiques » parce que l'être humain les exploite pour son usage direct.

Dans cette serre, on peut découvrir, humer et examiner quelque 125 plantes et arbres utilisés dans l'alimentation, les condiments, la médecine, etc. La beauté et l'exotisme de la végétation équatoriale rejoignent ici la vie matérielle concrète, les habitudes alimentaires et les besoins sanitaires des hommes et des femmes du monde entier.

C'est également dans cette serre qu'on ressent le mieux le caractère enveloppant des forêts tropicales denses, avec ce que cela suppose de sensations olfactives, tactiles et visuelles. Il faut prendre le temps de lire les panneaux d'information et, surtout, de bien observer la nature pour apprécier pleinement cet endroit. Levez les yeux, vous apercevrez peut-être un régime de bananes ; scrutez les plates-bandes, vous repérerez peut-être un ananas. Le vanillier sera peut-être en fleur, et vous découvrirez avec surprise qu'il s'agit d'une orchidée…